康小智图说系列·影响世界的中国传承

走向世界的丝绸

陈长海 编著　海润阳光 绘

山东人民出版社·济南

国家一级出版社 全国百佳图书出版单位

图书在版编目（CIP）数据

走向世界的丝绸/陈长海编著；海润阳光绘 . --
济南：山东人民出版社，2022.6
（康小智图说系列 . 影响世界的中国传承）
ISBN 978-7-209-13767-6

Ⅰ . ①走… Ⅱ . ①陈… ②海… Ⅲ . ①丝绸－文化－
中国－儿童读物 Ⅳ . ① TS14-092

中国版本图书馆 CIP 数据核字（2022）第 062577 号

责任编辑：郑安琪　魏德鹏

走向世界的丝绸
ZOUXIANG SHIJIE DE SICHOU

陈长海　编著　海润阳光　绘

主管单位	山东出版传媒股份有限公司	规　格	16 开（210mm×285mm）
出版发行	山东人民出版社	印　张	2
出 版 人	胡长青	字　数	25 千字
社　　址	济南市市中区舜耕路 517 号	版　次	2022 年 6 月第 1 版
邮　编	250003	印　次	2022 年 6 月第 1 次
电　话	总编室（0531）82098914	印　数	1-13000
	市场部（0531）82098027	ISBN 978-7-209-13767-6	
网　址	http://www.sd-book.com.cn	定　价	29.80 元
印　装	莱芜市新华印刷有限公司	经　销	新华书店

如有印装质量问题，请与出版社总编室联系调换。

序

  亲爱的小读者，我们中国不仅是世界四大文明古国之一，更是古老文明不曾中断的唯一国家。中华文明源远流长、博大精深，是中华民族独特的精神标识，为人类文明作出了巨大贡献，提供了强劲的发展动力。我们的"四大发明"造纸术、印刷术、火药和指南针，改变了整个世界的面貌，不论在文化上、军事上、航海上，还是其他方面。如果没有"四大发明"，人类文明的脚步不知道会放慢多少！

  "四大发明"只是中华民族千千万万发明创造的代表，中国丝绸、中国瓷器、中国美食、中国功夫……从古至今，也一直备受推崇。尤其值得我们自豪的是，这些古老的发明，问世之后，不仅造福中国人，也造福全人类；不仅千百年来传承不断，还一直在发展和创新。以丝绸为例，我们的先人在远古时期就注意到了蚕这样一只小小的昆虫，进而发明了丝绸。几千年来，丝绸织造工艺不断提升，陆上丝绸之路、海上丝绸之路不断开辟，丝绸成为全人类的宝贵财富。如今，蚕丝在医疗、食品、环境保护等各个领域都得到了广泛的应用，受到了人们的高度重视和期待。事实说明，中华民族不但善于发明创造，也善于传承创新。

  亲爱的小读者！本套丛书，言简意赅，图文并茂，你在阅读中，一定可以感受到中国发明的来之不易和一代代能工巧匠的聪明智慧，发现蕴含其中的思想、文化和审美风范，从而对中华民族讲仁爱、重民本、守诚信、崇正义、尚和合、求大同的民族性格和"天下兴亡，匹夫有责"的爱国主义精神产生崇高的敬意和高度认同，增强做中国人的志气、骨气和底气。读完这套书，你会由衷地感叹：作为中国人，我倍感自豪！

侯仰军

2022 年 6 月 1 日

（侯仰军，历史学博士，中国民间文艺家协会分党组成员、副秘书长、编审）

中国丝绸的美丽起源

　　中国是世界上最早织造丝绸的国家。丝绸的起源与一种叫蚕的虫子分不开，蚕以桑叶为食，长到一定程度后会结茧吐丝。丝绸就是用蚕丝加工而成的，其质地柔软、舒适，富有光泽，不但实用性强，还具有较高的艺术价值。

　　远古时期，广袤的大地上有成片的桑树。我们的祖先在桑树上发现了蚕，并以此为食物。后来他们无意中发现，从蚕结成的茧里能抽出又细又长的丝。

为什么生活在树上的小虫子，最后却能长出翅膀飞到天上去？

要是能把蚕茧中的丝抽出来搓成绳子，一定很结实。

也许它们和上天有什么关联吧！

　　古人看到蚕宝宝破茧而出，变成飞蛾飞上天的过程，觉得十分神奇，认为蚕是通天的引路神。

人们发现蚕丝不但坚韧，而且编织出来的布料非常光滑。为了获得更多的蚕丝，人们将野外的蚕宝宝带回家中饲养。

蚕宝宝的胃口好大！一天要吃下这么多的桑叶！

怪不得它们长得白白胖胖的。

随着蚕的大量养殖，人们获取蚕丝就方便多了，人们将蚕丝加工成布料，丝绸由此诞生。和麻布相比，丝绸更透气、舒适、保暖。

求上苍保佑我们风调雨顺，年年大丰收。

古人还把蚕生活的桑树林视为神圣之地，他们认为在桑树林中祭祀，就能得到天上神明的庇佑。

5

古代丝绸的发展历程

自丝绸诞生之后，它的用途也在慢慢发生改变。在我国贸易互通、政治外交、文化融合等各个领域，丝绸都占有举足轻重的地位。

商朝时期，人们大面积种植桑树，养蚕规模在不断扩大。

但是，商朝丝织品的数量有限，只有达官贵族才能拥有。

春秋战国时期，丝绸生产技术不断提高，丝织品的数量增多，种类也更加多元化。

秦朝统一六国后，"男耕女织"的家庭生产模式成为主要形态。这个时期所有的丝织品基本上都是出自妇女之手。

西汉时期，丝绸织物不再是贵族、官员的专用品，它走入了寻常百姓家。汉武帝时期，张骞出使西域，把精美的丝绸带到西域各国，并由此开辟了一条横贯亚洲大陆的贸易通道，这就是著名的"丝绸之路"。

三国时期，种植桑树的多少成为衡量一个家庭财富的标准。如果谁家拥有一大片桑树林，那准是当地的富豪。

哇，不得了，你家种了这么多的桑树啊！不愧是大户人家。

养蚕织绸不仅能发家致富，还能强国。三国时期诸葛亮所在的蜀国，通过卖蜀锦换得大量金钱来扩充军队力量，继而成为一个兵强马壮的军事强国。

魏晋南北朝时期，北魏孝文帝统一了周边的少数民族部落，向他们推行汉化政策，要求少数民族穿汉族的服饰，官员上朝也要穿汉族的官服。

以后大家要穿汉族服装。

非也！我可是穿了五件衣服，没想到吧！

中国的丝绸真是薄如蝉翼，隔着衣服我都能看见您胸口上的黑痣。

唐朝时期，丝绸的织造工艺已经达到了非常高的水平，每年有大量的丝绸卖到国外，并且在陆上丝绸之路的基础上，还拓展了海上丝绸之路。很多外国商人会通过海上丝绸之路来中国采购丝绸。

宋朝时期，官府可以把丝绸当做工资发给官员和士兵。

这个月的薪酬是一匹丝绢。

元朝非常重视农桑产业，官方出版了农书《农桑辑要》。这部书籍实用性很强，其中有教人如何养蚕织丝的章节。

农桑辑要

晚清时期，西方的新型动力机器设备传入我国，丝绸产业逐渐从手工生产变为大规模的机器生产，近代中国丝绸工业诞生了。

古老的陆上丝绸之路

随着我国古代丝绸业的发展，国内的丝绸贸易越来越繁荣。西汉时期，汉武帝派张骞出使西域，开通了从长安（今西安）经过我国西部的甘肃、新疆到中亚、西亚等地的贸易路线，把我国的特产丝绸、漆器等货物带到了很多国家。由于这条路以运丝绸为主，后来人们称之为"丝绸之路"。

公元前 5 世纪到 2 世纪初，彪悍凶猛的匈奴打败了他们的邻居月氏，赶跑了月氏人，占领了大量的土地和财产。

后来，匈奴人又把目光瞄准了当时的汉朝，不断进行挑衅和侵袭。

张骞

公元前 138 年，汉武帝派张骞出使西域寻找月氏人，希望能与之结盟共同抗击匈奴。

然而，张骞率领队伍在前往西域的途中，就被匈奴人囚禁起来。匈奴一直想劝降张骞，但张骞对汉朝非常忠心，一直没有屈服。这一囚禁就是10年，直到公元前129年，张骞才找了个机会逃出来。

你来这里这么久了，还不肯投降吗？你一直举着的这个杆子是干啥用的？

我手里拿的是汉朝的符节，我是汉朝的使臣，理应持节。

我们结盟一起抗击匈奴怎么样？难道你们不想报仇雪恨吗？

那已经是很久以前的事了，现在月氏过着放马牧羊安乐自在的日子，我们不想再参与战争了。

成功逃脱后的张骞，依然没有忘记自己的使命，他辗转西域各国继续寻找月氏人。最后，张骞终于找到了月氏人，但是月氏人已无心报仇雪恨。无奈之下，张骞打算自己回大汉。

张大使臣，对不住啊！您再跟匈奴的勇士们一起回去好好想想吧！

为了避开匈奴，他决定换一条路线，从羌人的领地回国。可万万没想到，羌人早已被匈奴征服，结果，倒霉的张骞又一次被匈奴俘获。

直到**公元前126年**，趁着匈奴内乱，张骞终于和自己的随从逃回了大汉。

终于回来了，我还以为自己要客死他乡了。

现在就剩我们主仆二人了。

虽然张骞没有完成和月氏结盟的任务，但还是受到汉武帝的隆重接待。张骞向汉武帝讲述了自己在西域各国的各种见闻，让汉武帝大开眼界。

公元前119年，汉武帝再次派张骞出使西域，这次出使的主要目的是和西域各国建立外交关系，宣扬汉朝国威。为此，汉武帝让张骞带了大量的金币、丝绸、漆器等财物，人员也从第一次的一百多人扩大到三百多人。

此时，经过卫青和霍去病两位大将军的征战，匈奴已经被彻底打败并逃跑了。

以往那些因害怕匈奴而不敢与汉朝结盟的西域各国，看到汉朝的富足与强大，对张骞的到来纷纷表示欢迎，还和张骞交换了礼物。

第二次出使西域，张骞圆满完成任务，他带着西域各国的各种特产回到了大汉，将西域的良种马、香料、宝石、核桃、葡萄、石榴等带到了中原。

古老的海上丝绸之路

海上丝绸之路是古人为开展海外贸易和文化交流而开辟出来的海上航线，它主要以南海为中心，一条是东海航线，另一条是南海航线。由于最开始是以丝绸贸易为主，所以被人们称为"海上丝绸之路"。海上丝绸之路是现存已知的最为古老的海上航线。

我要去齐国做生意了，听说他们设立了自由市场，不征税。而且齐国还为去那里做生意的商人准备了免费的客栈。

还有……等好事儿……那我也要……紧去。

春秋时期，齐国颁布了很多促进商贸的政策，促使齐国成为诸侯国的贸易中心。同时，齐国还主动开展与朝鲜半岛的海路贸易往来。

据史料记载，**秦朝**时期，秦始皇寻找仙药。徐福带领船队出海为达了日本，说明那个时候已经有了远程航海的能力。徐福沿海路航行，最终到

14

汉朝时期，随着造船和航海技术的进步，一些商人把丝绸和丝织品通过海路运到南亚、东南亚甚至是地中海地区进行贸易，中国的丝绸在国外大受欢迎。汉武帝七次巡海，大力开拓对外交通与贸易活动，海上丝绸之路兴起。

我们在海上经历的那些风浪都值啦！

没想到中国的丝绸在海外这么畅销！不仅换来了许多金币，还能换来如此多的奇珍异宝。

三国时期，魏、蜀、吴都生产丝绸，特别是蜀国的蜀锦非常精美。蜀锦销量极佳，一度成为蜀国军费的主要来源。

我可以出两匹马来换你手上的蜀锦。你把蜀锦给我吧！

我用一匹马换你手上的蜀锦怎么样？

为了满足水上作战的需求，船舰制造有了巨大进步，这也为海上丝绸之路的发展提供了条件。

当然卖得掉啦！我们这次可是要去十多个国家呢！

这次带了整整十船的丝绸！这么多货，能卖得掉吗？

魏晋以后，随着沿海航线的开辟，广州成为海上丝绸之路的起点。此时中国的对外贸易扩展到更多国家和地区，这个时候的主要输出品还是丝绸。

15

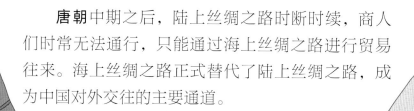

唐朝中期之后，陆上丝绸之路时断时续，商人们时常无法通行，只能通过海上丝绸之路进行贸易往来。海上丝绸之路正式替代了陆上丝绸之路，成为中国对外交往的主要通道。

前面发生了战争，已经把这条路堵死了。

如果再往前走，我们恐怕连命都保不住了，还是改走海路吧！

宋元时期，随着造船技术的提升以及指南针在航海上的应用，我国的航海事业得到了进一步发展。加之宋朝推行重商政策，鼓励商人进行海外贸易，中外交流更加频繁，海上丝绸之路发展进入鼎盛阶段。

行船去那么远的国家，茫茫大海上，我们不会迷失方向吗？

我这次出航打算从广州出发。

你放心好了，只要有罗盘，去再远的地方都能找到方向。

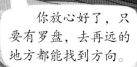

你可以从刺桐（现福建省泉州市）港出发，出海非常方便。

元朝时期，泉州成为世界大港口，每天都有大量的船舶聚集，不断地吞吐着巨量的货物。

明朝时期，明成祖朱棣派郑和率领船队七次下西洋，开创了我国远洋航海的崭新时代。从此，海上丝绸之路的航线得到进一步扩展。

清代，由于政府实行闭关锁国的政策，广州成为唯一一个对外开放的贸易港。

鸦片战争爆发后，中国沦为半殖民地半封建社会，海权的丧失使我国古代海上丝绸之路逐渐衰落。

丝绸及织造技艺的对外传播

我国是世界上最早开始种桑养蚕、织造丝绸的国家。随着丝绸之路的开通，美丽的中国丝绸被带到了世界各地，我国的蚕桑养殖技术以及丝绸织造技艺也随之传播到世界各地。

早在**西周**时期，周武王分封一位名叫箕子的贵族去朝鲜半岛。箕子进入朝鲜半岛，带去了先进的文化和农耕、养蚕、织作技术，为当地丝织业发展开创了历史先河。

秦汉时期，中国东南沿海地区的很多人东渡日本开展贸易，这其中包括许多擅长织造丝绸的手艺人。

三国时期，中国的丝织提花技术传到日本，日本的丝绸行业开始兴盛起来。当时，东南亚有一个叫扶南的国家，这个国家的人们没有穿衣服的习惯。自从中国的丝绸传入后，当地人逐渐养成了穿衣服的习惯。

自由自在的日子一去不复返。以后要花钱买衣料，家里又多了一笔开销。

汉朝时，西域有两个国家的国王曾经来中原朝贺，得到了大量的丝绸赏赐。他们被繁荣的汉朝文化折服，回国后连礼仪制度都开始学习中国。

以后我国所有臣民都要统一穿汉服，礼仪也要学习汉朝的。

你带来的国宝以及"乐及幻人"都让我的臣民大开眼界，你想要什么赏赐啊？

如果能够让我带回去一些丝绸就再好不过了。

来挑一件吧，西班牙丝料做的，一件只需要二百索尔[注]。

公元 97 年到公元 131 年，当时的掸国（现缅甸的一部分）几次派遣使者沿着丝绸之路来到东汉朝贡，并带去了"乐及幻人"（魔术师），希望换取中国的特产丝绸。

中国的丝绸传到秘鲁之后，原本被西班牙丝料占领的秘鲁市场立刻被中国的丝绸征服。

你的西班牙丝料也太贵了，我用这个价格可以买到九件中国丝绸衣服了。

自从中国丝绸来了之后，咱们的生意简直一落千丈啊！

这些货物的到来对咱们来说简直就是一场灾难啊！

随后，大量的中国丝绸开始进入西班牙市场，导致西班牙当地的丝织厂备受打击，相继关门倒闭。

如今，世界上很多国家都在养蚕、缫丝、织丝，如果追本溯源，可以说这些国家最初开始饲养的蚕种以及织丝的技术，都是通过直接或者间接的方式从我国获取的。

[注] 索尔：秘鲁的货币单位。

锦绣中华：中国三大名锦

在古代丝织物中，"锦"代表最高技术水平的织物，人们常用"锦"字来形容美好的事物，比如"前程似锦""锦绣山河"等等。中国三大名锦分别是南京云锦、成都蜀锦和苏州宋锦。在古代，它们是皇家御用名锦，现在是祖先留给我们的宝贵的非物质文化遗产。

"寸锦寸金"的云锦

云锦产地在南京，因其色泽灿烂，就像天上的云霞，故而得名。

这件锦袍胸前绣的蓝龙可真传神，云锦的技艺真是超凡脱俗！

"逐花异色"是云锦最神奇的特点，从不同角度去看，绣品的色彩是不一样的。

依我看这明明就是黑色的龙啊！你怎么说是蓝色的呢？

云锦用料考究，多用金线、银线、蚕丝、绢丝以及动物的羽毛织造。其图案设计精美，用色浓艳绚丽，被誉为"锦中之冠"。

文学名著《红楼梦》里面贾宝玉的孔雀裘就是用孔雀羽线织的，是云锦中的一类品种，异常绚丽夺目。

云锦在元、明、清三朝均为皇家御用贡品，带有强烈的皇家贵族气质，图案饱满丰盈，雍容华贵。

皇上，您的新龙袍历时两年终于织造好了。

如今，南京云锦于 2009 年 9 月成功入选联合国《人类非物质文化遗产代表作名录》。

23

锦官城中话蜀锦

在古代，四川成都一带被称为"蜀"，这里桑蚕丝绸业起源早。蜀锦是蜀地所产的，以蚕丝为材料织造出的彩锦。

早在**春秋战国**时期，蜀国生产的帛已经在诸侯国中享有盛名，帛其实就是锦的前身。

帛最早用于贵族书写和绘画使用，在当时如玉器般贵重，是国家之间友好往来时互赠的礼物。

以后我们就化干戈为玉帛了。

希望我们两个国家可以世世代代友好下去，永远都不再发生战争。

我们常说的成语"化干戈为玉帛"的意思就是两个国家不再继续交战，而是成为礼尚往来的友好国家。

汉朝时期，随着对织锦的需求量的大增，朝廷专门在成都建织锦工场，设立专门的"锦官"负责督造，成都也因此得名"锦官城"。

哇，没想到丞相家里种了这么多的桑树！

三国时期，蜀国丞相诸葛亮非常重视农桑生产，他不仅采取措施扩大蜀锦生产，还在自家居住之地种桑八百株，以励军民。蜀锦在当时不仅是对外贸易的商品，也是军费开支的主要来源。

唐朝时期，蜀锦的织造技术和生产规模达到鼎盛时期，蜀锦也远销到日本、波斯等国家和地区。

蜀锦图案繁华、织纹精细、配色典雅，直到今日，依然绽放出耀眼的光芒，成为四川乃至中国的一张名片。

锦绣之冠的宋锦

宋锦色泽艳丽，图案端庄大气，艳而不俗，古朴典雅，因起源于宋代，产地在苏州，所以又被称为"苏州宋锦"。

宋锦诞生之初，主要用于装裱字画。

这两个宋锦的花样非常难得啊，我把它们卖到织造坊去做花样样本，价格可以翻好几倍啊！

字我就不要了，上面的宋锦我买下了。

家父生前是一位比较有名的书画家。现在家道中落，这两幅字十两银子卖给你吧！

眼前这位大人身穿麒麟补服，看来是一品武将啊。

他穿着锦鸡补服，是位官至二品的文官。

明清时期，宋锦常用于制作朝廷官员官服上的"补子"。所谓补子就是官服前胸或后背上织缀的一块圆形或方形织物。一般来说，文官补子上绣飞禽，武官补子上绣猛兽。

清朝时期，织造的规模逐渐庞大，苏州城内几乎家家户户都从事丝绸纺织的行业，可谓"千户万户机杼声"。

现如今，宋锦以其独特的历史文化底蕴，奢华又不失内敛的织物风格受到世人的追捧，在世界服饰设计的舞台上大放异彩。

蚕丝，千年原料的新发展

蚕丝是人类最早开始利用的动物纤维之一。在古代，人们主要用蚕丝来织造衣物。进入现代以后，人们对蚕丝的开发和利用有了创新性的发展，蚕丝在医疗、食品、环境保护等各个领域都得到了广泛的应用。

蚕丝做的人造血管居然也能长出和人类真血管一样的外壁和内膜！

这下病人有救了！

现代医学中，人们用从天然蚕丝中提取的纤素蛋白来制造人造血管。

蚕丝制造的人造血管和人体有较强的生物相容性，不会造成血液阻塞，在新血管生长出来后，还可以被人体吸收。

科学家从蚕丝中提取丝蛋白，并通过将它与人类干细胞相结合的培育方法研制出仿生皮肤。这种仿生皮肤能促进创面皮肤组织的再生和修复。

这可是用蚕丝做的"人工皮肤"哟！

这个"皮肤"太神奇了，敷上它以后，我烫伤的地方很快就长出了新的皮肤。

蚕丝里的丝素膜还可以用作免疫传感器用膜，用于医疗设备。

戴这种隐形眼镜，我的眼睛再也不红肿过敏了！终于可以摆脱框架眼镜了！

蚕丝中提取的丝素膜还可以用于制作隐形眼镜，人们佩戴这种材料制作的隐形眼镜安全舒适，不易过敏。

蚕丝中的蚕丝蛋白富含氨基酸，将蚕丝蛋白添加到蛋糕、饼干、糖果等食物中，不仅增加了营养，也让口感更丰富。

咦，蚕丝还能做隐形眼镜？真是太神奇了！

用蚕丝制成的钓鱼线和渔网线能在自然条件下降解，更加安全和环保，有效避免对海洋动物的伤害。

蚕丝有非常好的降解性，可被自然环境直接降解，不会对环境造成污染，所以它也是一种极佳的环保材料，可用于制作各种生活用品，比如咖啡杯等。